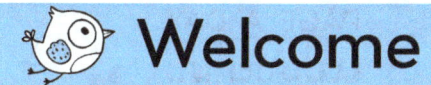  

Thank you for choosing Page A Day Math, a great way to introduce essential math skills and math handwriting. Page A Day Math books help your child develop a solid math foundation through daily step-by-step practice, repetition, and of course, the friendly Math Squad!

How to Use This Book

1. Student completes a page a day, front and back.
2. Student traces and then solves each problem.
3. Parent checks answers and circles the incorrect problems.
4. Student corrects errors.
5. Student colors in achievement stars each day when finished.

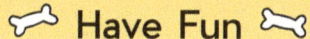 Have Fun

Copyright © 2020 by Page A Day Math. All rights reserved. Published by Page A Day Math LLC. Page A Day Math with the Math Squad is a trademark of Page A Day Math. Page A Day Math and Page A Day Math with the Math Squad and all associated logos are trademarks and/or registered trademarks of Page A Day Math LLC.

ISBN – 978-1-947286-73-3

No part of this publication may be reproduced, stored in a retrieval system, or transmitted in any form or by any means, electronic, mechanical, photocopying, recording, or otherwise, without written permission from the publisher. For information regarding permission, write to Page A Day Math, Attention: Permission Department, 6890 E Sunrise Dr. Suite 120-203, Tucson, AZ 85750. Created and written by Janice Marks.

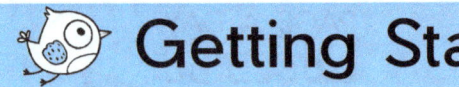 # Getting Started

This book belongs to _____

Dear Superhero Math Student,

You can be a Math Squad Superhero like Flo, Jo, Bo, Zo, and me! Practice every day and you'll be a math star too!

YOUR FRIEND, MO

P.S. Don't forget to download your free bonus items using code "DIVISIONBONUS" at www.pageadaymath.com/collections/bonus!

Day 1

Learn ⇨ 2 ÷ 2 = 1

Trace ⇨ 2 ÷ 2 = 1

Review ⇨ 12 ÷ 1 = 12

Trace ⇨ 12 ÷ 1 = 12

Trace and solve. You can do it. Woof-woof!

1) 2 ÷ 2 =
2) 10 ÷ 1 =
3) 11 ÷ 1 =
4) 2 ÷ 2 =
5) 12 ÷ 1 =
6) 11 ÷ 1 =
7) 9 ÷ 1 =
8) 2 ÷ 2 =
9) 11 ÷ 1 =
10) 12 ÷ 1 =
11) 2 ÷ 2 =
12) 12 ÷ 1 =
13) 10 ÷ 1 =
14) 2 ÷ 2 =
15) 8 ÷ 1 =
16) 12 ÷ 1 =

www.PageADayMath.com © 2020 Page A Day Math, LLC

Day 1

Terrific! Way to go! Now finish these.

17) $2 \div 2 =$ ☐
18) $12 \div 1 =$ ☐
19) $10 \div 1 =$ ☐
20) $2 \div 1 =$ ☐
21) $5 \div 1 =$ ☐
22) $2 \div 2 =$ ☐
23) $11 \div 1 =$ ☐
24) $2 \div 1 =$ ☐
25) $3 \div 1 =$ ☐
26) $9 \div 1 =$ ☐
27) $8 \div 1 =$ ☐
28) $2 \div 1 =$ ☐

29) $4 \div 1 =$ ☐
30) $7 \div 1 =$ ☐
31) $9 \div 1 =$ ☐
32) $6 \div 1 =$ ☐
33) $10 \div 1 =$ ☐
34) $4 \div 1 =$ ☐
35) $7 \div 1 =$ ☐
36) $12 \div 1 =$ ☐
37) $2 \div 2 =$ ☐
38) $11 \div 1 =$ ☐
39) $2 \div 1 =$ ☐
40) $3 \div 1 =$ ☐

 Color in the stars each day when you finish!

Day 2

Learn ➡ 4 ÷ 2 = 2

Trace ➡ 4 ÷ 2 = 2

Review ➡ 2 ÷ 2 = 1

Trace ➡ 2 ÷ 2 = 1

Trace and solve. You are doing so well! Hurray!

1) 4 ÷ 2 =
2) 11 ÷ 1 =
3) 12 ÷ 1 =
4) 4 ÷ 2 =
5) 2 ÷ 2 =
6) 12 ÷ 1 =
7) 10 ÷ 1 =
8) 4 ÷ 2 =
9) 12 ÷ 1 =
10) 2 ÷ 2 =
11) 4 ÷ 2 =
12) 11 ÷ 1 =
13) 2 ÷ 2 =
14) 4 ÷ 2 =
15) 9 ÷ 1 =
16) 2 ÷ 2 =

Day 2

Great effort. Now trace and solve these. Woof-woof!

17) 8 ÷ 1 =
18) 2 ÷ 2 =
19) 6 ÷ 1 =
20) 5 ÷ 1 =
21) 10 ÷ 1 =
22) 4 ÷ 1 =
23) 12 ÷ 1 =
24) 2 ÷ 2 =
25) 7 ÷ 1 =
26) 9 ÷ 1 =
27) 3 ÷ 1 =
28) 4 ÷ 2 =

29) 6 ÷ 1 =
30) 8 ÷ 1 =
31) 4 ÷ 2 =
32) 11 ÷ 1 =
33) 3 ÷ 1 =
34) 2 ÷ 1 =
35) 4 ÷ 2 =
36) 5 ÷ 1 =
37) 7 ÷ 1 =
38) 10 ÷ 1 =
39) 12 ÷ 1 =
40) 2 ÷ 2 =

 Color in the stars each day when you finish!

Day 3

Learn ⇨ 6 ÷ 2 = 3

Trace ⇨ 6 ÷ 2 = 3

Review ⇨ 4 ÷ 2 = 2

Trace ⇨ 4 ÷ 2 = 2

Trace and solve. You are on your way! Ruff-ruff!

1) 6 ÷ 2 =
2) 12 ÷ 1 =
3) 2 ÷ 2 =
4) 6 ÷ 2 =
5) 4 ÷ 2 =
6) 2 ÷ 2 =
7) 11 ÷ 1 =
8) 6 ÷ 2 =

9) 2 ÷ 2 =
10) 4 ÷ 2 =
11) 6 ÷ 2 =
12) 12 ÷ 1 =
13) 4 ÷ 2 =
14) 6 ÷ 2 =
15) 10 ÷ 1 =
16) 4 ÷ 2 =

Day 3

Hurray! You are learning division! Now try these!

17) 4 ÷ 1 =
18) 2 ÷ 2 =
19) 8 ÷ 1 =
20) 11 ÷ 1 =
21) 9 ÷ 1 =
22) 5 ÷ 1 =
23) 12 ÷ 1 =
24) 6 ÷ 1 =
25) 4 ÷ 2 =
26) 2 ÷ 1 =
27) 9 ÷ 1 =
28) 3 ÷ 1 =

29) 6 ÷ 2 =
30) 11 ÷ 1 =
31) 6 ÷ 1 =
32) 4 ÷ 2 =
33) 12 ÷ 1 =
34) 10 ÷ 1 =
35) 6 ÷ 2 =
36) 2 ÷ 2 =
37) 5 ÷ 1 =
38) 1 ÷ 1 =
39) 7 ÷ 1 =
40) 11 ÷ 1 =

 Color in the stars each day when you finish!

Day 4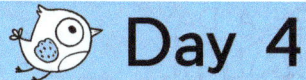

Learn ⇨ 8 ÷ 2 = 4

Trace ⇨ 8 ÷ 2 = 4

Review ⇨ 6 ÷ 2 = 3

Trace ⇨ 6 ÷ 2 = 3

Trace and solve. You are a math star! Yay!

1) 8 ÷ 2 =
2) 2 ÷ 2 =
3) 4 ÷ 2 =
4) 8 ÷ 2 =
5) 6 ÷ 2 =
6) 4 ÷ 2 =
7) 3 ÷ 1 =
8) 8 ÷ 2 =

9) 4 ÷ 2 =
10) 6 ÷ 2 =
11) 8 ÷ 2 =
12) 2 ÷ 2 =
13) 6 ÷ 2 =
14) 8 ÷ 2 =
15) 11 ÷ 1 =
16) 6 ÷ 2 =

Day 4

You are so motivated! Now trace and solve these. Super!

17) 4 ÷ 2 =
18) 8 ÷ 1 =
19) 2 ÷ 2 =
20) 1 ÷ 1 =
21) 12 ÷ 1 =
22) 10 ÷ 1 =
23) 4 ÷ 2 =
24) 6 ÷ 2 =
25) 7 ÷ 1 =
26) 5 ÷ 1 =
27) 2 ÷ 2 =
28) 6 ÷ 1 =

29) 2 ÷ 1 =
30) 3 ÷ 1 =
31) 9 ÷ 1 =
32) 8 ÷ 1 =
33) 7 ÷ 1 =
34) 8 ÷ 2 =
35) 12 ÷ 1 =
36) 6 ÷ 2 =
37) 2 ÷ 2 =
38) 10 ÷ 1 =
39) 4 ÷ 2 =
40) 6 ÷ 2 =

 Color in the stars each day when you finish!

Day 5

Learn ⇨ 10 ÷ 2 = 5

Trace ⇨ 10 ÷ 2 = 5

Review ⇨ 8 ÷ 2 = 4

Trace ⇨ 8 ÷ 2 = 4

Trace and solve. You are learning fast! Ruff-ruff!

1) 10 ÷ 2 =
2) 4 ÷ 2 =
3) 6 ÷ 2 =
4) 10 ÷ 2 =
5) 8 ÷ 2 =
6) 6 ÷ 2 =
7) 2 ÷ 2 =
8) 10 ÷ 2 =

9) 6 ÷ 2 =
10) 8 ÷ 2 =
11) 10 ÷ 2 =
12) 4 ÷ 2 =
13) 8 ÷ 2 =
14) 10 ÷ 2 =
15) 12 ÷ 1 =
16) 8 ÷ 2 =

Day 5

Wonderful! You are so determined! Now try these.

17) 3 ÷ 1 =   29) 11 ÷ 1 =
18) 9 ÷ 1 =   30) 8 ÷ 1 =
19) 4 ÷ 2 =   31) 4 ÷ 1 =
20) 10 ÷ 2 = 32) 10 ÷ 1 =
21) 4 ÷ 1 =   33) 2 ÷ 2 =
22) 5 ÷ 1 =   34) 8 ÷ 2 =
23) 11 ÷ 1 = 35) 3 ÷ 1 =
24) 2 ÷ 2 =   36) 6 ÷ 1 =
25) 5 ÷ 1 =   37) 7 ÷ 1 =
26) 4 ÷ 2 =   38) 6 ÷ 2 =
27) 9 ÷ 1 =   39) 2 ÷ 1 =
28) 6 ÷ 2 =   40) 4 ÷ 2 =

Day 6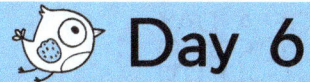

Learn ➪ $12 \div 2 = 6$

Trace ➪ $12 \div 2 = 6$

Review ➪ $10 \div 2 = 5$

Trace ➪ $10 \div 2 = 5$

Trace and solve. Keep up the great effort!

1) $12 \div 2 =$
2) $6 \div 2 =$
3) $8 \div 2 =$
4) $12 \div 2 =$
5) $10 \div 2 =$
6) $8 \div 2 =$
7) $4 \div 2 =$
8) $12 \div 2 =$

9) $8 \div 2 =$
10) $10 \div 2 =$
11) $12 \div 2 =$
12) $6 \div 2 =$
13) $10 \div 2 =$
14) $12 \div 2 =$
15) $2 \div 2 =$
16) $10 \div 2 =$

Day 6

Math Power! You've got it! Woof-woof!

17) 12 ÷ 1 =
18) 6 ÷ 2 =
19) 6 ÷ 1 =
20) 2 ÷ 2 =
21) 8 ÷ 1 =
22) 5 ÷ 1 =
23) 4 ÷ 2 =
24) 9 ÷ 1 =
25) 8 ÷ 2 =
26) 12 ÷ 2 =
27) 8 ÷ 2 =
28) 10 ÷ 1 =

29) 2 ÷ 2 =
30) 3 ÷ 1 =
31) 4 ÷ 2 =
32) 12 ÷ 1 =
33) 1 ÷ 1 =
34) 10 ÷ 2 =
35) 7 ÷ 1 =
36) 12 ÷ 1 =
37) 4 ÷ 1 =
38) 2 ÷ 2 =
39) 8 ÷ 1 =
40) 11 ÷ 1 =

Day 7

Learn ⇨ 14 ÷ 2 = 7

Trace ⇨ 14 ÷ 2 = 7

Review ⇨ 12 ÷ 2 = 6

Trace ⇨ 12 ÷ 2 = 6

Trace and solve. Practice makes perfect!

1) 14 ÷ 2 =
2) 8 ÷ 2 =
3) 10 ÷ 2 =
4) 14 ÷ 2 =
5) 12 ÷ 2 =
6) 10 ÷ 2 =
7) 6 ÷ 2 =
8) 14 ÷ 2 =

9) 10 ÷ 2 =
10) 12 ÷ 2 =
11) 14 ÷ 2 =
12) 8 ÷ 2 =
13) 12 ÷ 2 =
14) 14 ÷ 2 =
15) 4 ÷ 2 =
16) 12 ÷ 2 =

Day 7

Now try these. You have come so far! Ruff-ruff!

17) 9 + 1 =
18) 5 + 1 =
19) 4 + 2 =
20) 3 + 1 =
21) 2 + 2 =
22) 6 + 2 =
23) 10 + 1 =
24) 8 + 2 =
25) 2 + 1 =
26) 12 + 2 =
27) 6 + 1 =
28) 11 + 1 =

29) 4 + 1 =
30) 11 + 1 =
31) 7 + 1 =
32) 14 + 2 =
33) 8 + 2 =
34) 2 + 2 =
35) 10 + 2 =
36) 3 + 1 =
37) 6 + 1 =
38) 4 + 2 =
39) 2 + 1 =
40) 12 + 1 =

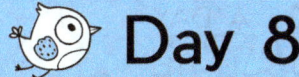 # Day 8

Learn ⇨ 16 ÷ 2 = 8

Trace ⇨ 16 ÷ 2 = 8

Review ⇨ 14 ÷ 2 = 7

Trace ⇨ 14 ÷ 2 = 7

Trace and solve. You are improving each day!

1) 16 ÷ 2 =
2) 10 ÷ 2 =
3) 12 ÷ 2 =
4) 16 ÷ 2 =
5) 14 ÷ 2 =
6) 12 ÷ 2 =
7) 8 ÷ 2 =
8) 16 ÷ 2 =

9) 12 ÷ 2 =
10) 14 ÷ 2 =
11) 16 ÷ 2 =
12) 10 ÷ 2 =
13) 14 ÷ 2 =
14) 16 ÷ 2 =
15) 6 ÷ 2 =
16) 14 ÷ 2 =

 # Day 8

Great effort! You are on your way to success!

17) $2 \div 2 =$
18) $8 \div 2 =$
19) $10 \div 1 =$
20) $6 \div 2 =$
21) $7 \div 1 =$
22) $9 \div 1 =$
23) $4 \div 1 =$
24) $8 \div 1 =$
25) $4 \div 2 =$
26) $7 \div 1 =$
27) $10 \div 2 =$
28) $5 \div 1 =$

29) $2 \div 1 =$
30) $7 \div 1 =$
31) $8 \div 1 =$
32) $12 \div 2 =$
33) $6 \div 1 =$
34) $16 \div 2 =$
35) $11 \div 1 =$
36) $14 \div 2 =$
37) $10 \div 1 =$
38) $12 \div 1 =$
39) $5 \div 1 =$
40) $8 \div 2 =$

Day 9

Learn ⇨ 18 ÷ 2 = 9

Trace ⇨ 18 ÷ 2 = 9

Review ⇨ 16 ÷ 2 = 8

Trace ⇨ 16 ÷ 2 = 8

Trace and solve. Good for you! Terrific!

1) 18 ÷ 2 =
2) 12 ÷ 2 =
3) 14 ÷ 2 =
4) 18 ÷ 2 =
5) 16 ÷ 2 =
6) 14 ÷ 2 =
7) 10 ÷ 2 =
8) 18 ÷ 2 =
9) 14 ÷ 2 =
10) 16 ÷ 2 =
11) 18 ÷ 2 =
12) 12 ÷ 2 =
13) 16 ÷ 2 =
14) 18 ÷ 2 =
15) 8 ÷ 2 =
16) 16 ÷ 2 =

 # Day 9

Wow! You are learning so quickly! Woof-woof!

17) 6 ÷ 2 =
18) 2 ÷ 2 =
19) 4 ÷ 1 =
20) 2 ÷ 1 =
21) 8 ÷ 2 =
22) 12 ÷ 1 =
23) 4 ÷ 2 =
24) 3 ÷ 1 =
25) 18 ÷ 2 =
26) 3 ÷ 1 =
27) 11 ÷ 1 =
28) 6 ÷ 2 =

29) 4 ÷ 2 =
30) 10 ÷ 2 =
31) 12 ÷ 1 =
32) 8 ÷ 2 =
33) 10 ÷ 1 =
34) 12 ÷ 2 =
35) 16 ÷ 2 =
36) 7 ÷ 1 =
37) 9 ÷ 1 =
38) 14 ÷ 2 =
39) 8 ÷ 1 =
40) 5 ÷ 1 =

Day 10

Learn ⇨ 20 ÷ 2 = 10

Trace ⇨ 20 ÷ 2 = 10

Review ⇨ 18 ÷ 2 = 9

Trace ⇨ 18 ÷ 2 = 9

Trace and solve. You're awesome! Yay!

1) 20 ÷ 2 =
2) 14 ÷ 2 =
3) 16 ÷ 2 =
4) 20 ÷ 2 =
5) 18 ÷ 2 =
6) 16 ÷ 2 =
7) 12 ÷ 2 =
8) 20 ÷ 2 =

9) 16 ÷ 2 =
10) 18 ÷ 2 =
11) 20 ÷ 2 =
12) 14 ÷ 2 =
13) 18 ÷ 2 =
14) 20 ÷ 2 =
15) 10 ÷ 2 =
16) 18 ÷ 2 =

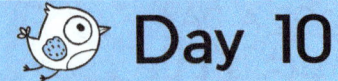 # Day 10

Hurray! You are doing so well. You've got it!

17) 4 ÷ 2 =
18) 6 ÷ 2 =
19) 6 ÷ 1 =
20) 10 ÷ 2 =
21) 1 ÷ 1 =
22) 8 ÷ 2 =
23) 10 ÷ 1 =
24) 10 ÷ 2 =
25) 20 ÷ 2 =
26) 2 ÷ 1 =
27) 12 ÷ 2 =
28) 2 ÷ 2 =

29) 8 ÷ 2 =
30) 16 ÷ 2 =
31) 5 ÷ 1 =
32) 4 ÷ 2 =
33) 11 ÷ 1 =
34) 7 ÷ 1 =
35) 8 ÷ 1 =
36) 14 ÷ 2 =
37) 12 ÷ 1 =
38) 6 ÷ 2 =
39) 18 ÷ 2 =
40) 12 ÷ 1 =

Day 11

Learn ⇨ 22 ÷ 2 = 11

Trace ⇨ 22 ÷ 2 = 11

Review ⇨ 20 ÷ 2 = 10

Trace ⇨ 20 ÷ 2 = 10

Trace and solve. You've come a long way!

1) 2 ÷ 2 =
2) 16 ÷ 2 =
3) 18 ÷ 2 =
4) 22 ÷ 2 =
5) 20 ÷ 2 =
6) 18 ÷ 2 =
7) 14 ÷ 2 =
8) 22 ÷ 2 =
9) 18 ÷ 2 =
10) 20 ÷ 2 =
11) 22 ÷ 2 =
12) 16 ÷ 2 =
13) 20 ÷ 2 =
14) 22 ÷ 2 =
15) 12 ÷ 2 =
16) 20 ÷ 2 =

Day 11

Great work! Practice what you have learned so far. Wow!

17) 20 ÷ 2 = ☐
18) 7 ÷ 1 = ☐
19) 9 ÷ 1 = ☐
20) 10 ÷ 2 = ☐
21) 18 ÷ 2 = ☐
22) 8 ÷ 2 = ☐
23) 2 ÷ 1 = ☐
24) 12 ÷ 2 = ☐
25) 8 ÷ 2 = ☐
26) 12 ÷ 1 = ☐
27) 4 ÷ 2 = ☐
28) 5 ÷ 1 = ☐

29) 14 ÷ 2 = ☐
30) 22 ÷ 2 = ☐
31) 11 ÷ 1 = ☐
32) 10 ÷ 2 = ☐
33) 12 ÷ 2 = ☐
34) 2 ÷ 2 = ☐
35) 12 ÷ 2 = ☐
36) 3 ÷ 1 = ☐
37) 16 ÷ 2 = ☐
38) 6 ÷ 2 = ☐
39) 10 ÷ 1 = ☐
40) 4 ÷ 1 = ☐

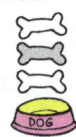

 # Day 12

Learn ⇨ 24 ÷ 2 = 12

Trace ⇨ 24 ÷ 2 = 12

Review ⇨ 22 ÷ 2 = 11

Trace ⇨ 22 ÷ 2 = 11

Trace and solve. Way to go! Keep it up!

1) 24 ÷ 2 =
2) 18 ÷ 2 =
3) 20 ÷ 2 =
4) 24 ÷ 2 =
5) 22 ÷ 2 =
6) 20 ÷ 2 =
7) 16 ÷ 2 =
8) 24 ÷ 2 =

9) 20 ÷ 2 =
10) 22 ÷ 2 =
11) 24 ÷ 2 =
12) 18 ÷ 2 =
13) 20 ÷ 2 =
14) 24 ÷ 2 =
15) 14 ÷ 2 =
16) 22 ÷ 2 =

Day 12

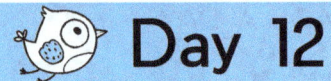

The Math Squad admires your determination. Good for you!

17) 8 ÷ 1 =
18) 2 ÷ 2 =
19) 6 ÷ 1 =
20) 8 ÷ 2 =
21) 10 ÷ 2 =
22) 2 ÷ 1 =
23) 22 ÷ 2 =
24) 4 ÷ 2 =
25) 6 ÷ 2 =
26) 10 ÷ 1 =
27) 10 ÷ 2 =
28) 12 ÷ 2 =

29) 18 ÷ 2 =
30) 3 ÷ 1 =
31) 8 ÷ 1 =
32) 4 ÷ 1 =
33) 16 ÷ 2 =
34) 5 ÷ 1 =
35) 20 ÷ 2 =
36) 9 ÷ 1 =
37) 2 ÷ 2 =
38) 24 ÷ 2 =
39) 12 ÷ 1 =
40) 14 ÷ 2 =

 # Day 13 Review

Trace and solve. You are a math star! Hurray!

1) 16 ÷ 2 =
2) 5 ÷ 1 =
3) 22 ÷ 2 =
4) 9 ÷ 1 =
5) 18 ÷ 2 =
6) 12 ÷ 1 =
7) 10 ÷ 2 =
8) 4 ÷ 1 =
9) 14 ÷ 2 =
10) 11 ÷ 1 =
11) 20 ÷ 2 =
12) 10 ÷ 1 =
13) 8 ÷ 2 =
14) 8 ÷ 1 =
15) 24 ÷ 2 =
16) 7 ÷ 1 =
17) 12 ÷ 2 =
18) 6 ÷ 1 =

Day 13 Review

You are great at math! Way to go! Woof-woof!

19) 3 ÷ 1 =
20) 24 ÷ 2 =
21) 4 ÷ 1 =
22) 8 ÷ 2 =
23) 1 ÷ 1 =
24) 2 ÷ 2 =
25) 4 ÷ 1 =
26) 22 ÷ 2 =
27) 9 ÷ 1 =
28) 14 ÷ 2 =
29) 12 ÷ 1 =

30) 2 ÷ 1 =
31) 6 ÷ 2 =
32) 4 ÷ 2 =
33) 20 ÷ 2 =
34) 10 ÷ 1 =
35) 16 ÷ 2 =
36) 10 ÷ 2 =
37) 6 ÷ 1 =
38) 12 ÷ 2 =
39) 11 ÷ 1 =
40) 18 ÷ 2 =

Day 14 Review

Trace and solve. You are almost done! Hurray!

1) 3 ÷ 1 =
2) 2 ÷ 2 =
3) 12 ÷ 1 =
4) 7 ÷ 1 =
5) 24 ÷ 2 =
6) 8 ÷ 2 =
7) 11 ÷ 1 =
8) 8 ÷ 1 =
9) 9 ÷ 1 =
10) 22 ÷ 2 =
11) 1 ÷ 1 =
12) 8 ÷ 1 =
13) 2 ÷ 1 =
14) 6 ÷ 2 =
15) 20 ÷ 2 =
16) 5 ÷ 1 =
17) 10 ÷ 1 =
18) 4 ÷ 2 =

Day 14 Review

Last page! Super! You earned a certificate! Woof-woof!

19) 7 ÷ 1 =
20) 16 ÷ 2 =
21) 10 ÷ 1 =
22) 4 ÷ 1 =
23) 10 ÷ 2 =
24) 6 ÷ 2 =
25) 24 ÷ 2 =
26) 3 ÷ 1 =
27) 4 ÷ 2 =
28) 12 ÷ 2 =
29) 1 ÷ 1 =

30) 8 ÷ 2 =
31) 2 ÷ 1 =
32) 11 ÷ 1 =
33) 22 ÷ 2 =
34) 6 ÷ 1 =
35) 14 ÷ 2 =
36) 2 ÷ 2 =
37) 5 ÷ 1 =
38) 20 ÷ 2 =
39) 12 ÷ 1 =
40) 18 ÷ 2 =

Certificate

HURRAY! YOU ARE A MATH STAR!

THE MATH SQUAD CONGRATULATES _____
FOR COMPLETING **DIVISION, BOOK 2.**

www.ingramcontent.com/pod-product-compliance
Lightning Source LLC
Chambersburg PA
CBHW081403080526
44588CB00016B/2582